慈润山河

义县奉国寺

辽宁义县奉国寺管理处
《中国建筑文化遗产》编辑部

主编
承编

U0217821

天津大学出版社
TIANJIN UNIVERSITY PRESS

《慈润山河——义县奉国寺》编委会

主编单位：辽宁义县奉国寺管理处
承编单位：《中国建筑文化遗产》编辑部

顾问：单霁翔　马国馨　张锦秋　刘叙杰　路秉杰　王其亨

主任：蒋立新

委员：蒋立新　王　飞　金　磊　殷力欣　唐海鹰　孟建民　张　宇　周　恺　胡　越
　　　赵元超　钟晓青　李　沉　耿　威　丁　垚　肖　旻　彭长歆　周学鹰　马　晓
　　　刘江峰　杨兆凯　韩振平　莫　涛　贾　珺

策划：蒋立新　金　磊　王　飞

主编：金　磊　蒋立新　高　志

执行主编：殷力欣　王　飞　耿　威

撰文：王　飞　耿　威　殷力欣　杨兆凯　金　磊　刘江峰　苗　淼　莫　涛

执行编辑：李　沉　刘翔宇　朱有恒　董晨曦　陈　鹤

摄影：中国建筑学会建筑摄影专业委员会
　　　陈　鹤　殷力欣　冯新力　丁　垚　金　磊　李　沉　等

历史照片及测绘图：义县文物局　天津大学建筑学院　殷力欣　丁　垚　莫　涛　等

版式设计：朱有恒　庞恩昌　董秋岑

图书在版编目（CIP）数据

　　慈润山河：义县奉国寺 / 辽宁义县奉国寺管理处主
编；《中国建筑文化遗产》编辑部承编 . —天津：天
津大学出版社，2017.4（2025.4 重印）
　　ISBN 978-7-5618-5813-4

　　Ⅰ . ①慈… Ⅱ . ①辽… Ⅲ . ②中… Ⅲ . ①寺庙—介绍—
义县 Ⅳ . ① K928.75

中国版本图书馆 CIP 数据核字（2017）第 075317 号

出版发行　天津大学出版社
地　　址　天津市卫津路 92 号天津大学内（邮编：300072）
电　　话　022-27403647
网　　址　publish.tju.edu.cn
印　　刷　北京盛通印刷股份有限公司
经　　销　全国各地新华书店
开　　本　165 mm×239 mm
印　　张　6.5 插页 1
字　　数　76 千
版　　次　2017 年 4 月第 1 版
印　　次　2025 年 4 月第 4 次
定　　价　56.00 元

目录

《慈润山河——义县奉国寺》

序 / 单霁翔

一座伟大的建筑，往往就是一个伟大民族的文化象征。义县奉国寺大殿就是这样一座蕴含了中华民族诸多文化内涵的旷世杰作。不过，令人遗憾的是，奉国寺的艺术魅力、文化价值，至今尚只在学术界得到承认，远远没有像北京紫禁城那样达到妇孺皆知的程度。因此，当《中国建筑文化遗产》编辑部告诉我，他们正应辽宁义县政府的要求，为已经进入"世界文化遗产"申报名单的义县奉国寺编写一本全面介绍奉国寺大殿的文化普及类读物《慈润山河——义县奉国寺》的时候，我是抱有期待的。2008 年 7 月，时任国家文物局局长的我，曾支持义县奉国寺出版了《义县奉国寺学术系列丛书》。今天我高兴地看到当地政府对文化遗产普惠公众如此重视，这是值得欣慰的文化现象。

前几天，我读了由《中国建筑文化遗产》编辑部组织十余名中青年学者合作完成的《慈润山河——义县奉国寺》书稿，作者团队特意强调，在文字叙述的通俗易懂方面，似乎还有加强的必要。通读之后，我却觉得：目前的书稿虽不敢称完美无缺，但已经颇有特色，很适合向中小学生及社会公众推介了。

其一，这本书以不太长的文字篇幅和图文并茂的形式，将这座千年古刹在建筑、雕塑、绘画等艺术方面的魅力，在建筑技术、设计思想等方面的成就，均生动、准确地呈现出来，而围绕这座建筑的历史背景、人物故事等，伴随着建筑形象的逐渐清晰而愈加鲜活灵动。这在同类书籍中，是较为成功的。

其二，就文字的通俗易懂和趣味性而言，我认为这本书具备了这样的程度：对于有兴趣了解建筑文化的成年读者而言，它易懂而不肤浅，可以温故知新，甚至可以了解到奉国寺专题研究的最新进展——如殿内七尊大佛与建筑结构形式的关系问题，本书就解读了新的发现；而对于高中生而言，这是一本稍下一点功夫即可获得多方面历史文化知识的课外佳作；而对于小学至初中阶段的小读者而言，则可在老师或学生家长的辅导下，获得初步的文化启蒙。

我以为，不能简单理解文化普及读物为"通俗易懂"，更要关注读本的学术水准及科学性，要留有使读者反复咀嚼、逐渐提高的余地。因此，我希望这本书尽快付梓印行，与全国的中小学生朋友们见面。我更希望这类易懂而不流俗的高品味位的文化普及读本能够越来越多地问世，以此为我国建筑文化事业培育沃土。

是为序。

故宫博物院院长 单霁翔

2016 年 12 月

前言

奉国寺大雄宝殿侧影

在我们伟大祖国广袤无垠的大地上，历经数千年沧海桑田般的历史演进，至今矗立着难以计数的古代建筑遗存，义县奉国寺是其中最引人注目的文化瑰宝之一。

义县奉国寺始建于辽开泰九年 (1020 年)，距今已有千年历史，是集古代建筑、雕塑、绘画、石刻、匾额等艺术与文化价值于一体的辽代皇家寺院，属于国务院1961 年公布的第一批全国重点文物保护单位，国家 AAAA 级旅游风景区，2012年进入中国世界文化遗产预备名录。

奉国寺大雄殿是中国古代佛教寺院遗存中规模体量最大的木构建筑。奉国寺大雄殿内供奉的佛祖"过去七佛"造像，是世界最古老、最大、最精美的彩绘泥塑佛像群，世界罕见。奉国寺是佛教基本经典理论思想承上启下传世的圣地，其知名度和影响力远播世界佛教界，被誉为"天下第一宝殿，世间佛祖道场"。它不仅是我国杰出的传统建筑典范，也是佛教文化的珍贵文物和民族融合的历史见证。

在各界的支持下，奉国寺的相关研究成果已经被整理出版成一系列学术专著。为继承和弘扬中华民族优秀传统文化，扩大奉国寺的文化影响力，也为了让更多的人分享专家们的研究所得，我们特地做了这本文化普及性质的小册子，将奉国寺的神秘与美呈献给大家。

建寺缘起

义县奉国寺大殿是一座著名的历史建筑，它以伟岸的身姿矗
立在辽西大地，千百年来被无数人仰慕。它是工程与艺术的
完美结合，吸引着众多中外游人和学者渴望来此寻幽览胜；

奉国寺七佛侧影

它也是辽代的"七佛祖庭"，是中国乃至世界佛教信徒心中的圣地。它在历史上的文化影响，特别是在辽西地区，恰如大殿一方旧牌匾所概括的那样："慈润山河"。

辽宁义县，位于山海关外、锦州之北，东倚闾山、南望渤海，大凌河横贯东西。

义县有着悠久的历史和灿烂的文化。这里的历史建制，可上溯到战国时代的燕国辽西郡，在西汉时期设置为交黎县，东汉以后改称昌黎。辽宋时期，这里是辽中京道的宜州。金天德三年（1151 年）改宜州为义州，属北京道。明代改州治为卫城，属辽东指挥使司。清代废卫城，恢复义州。入民国后，义州于民国 2 年改为义县，沿用至今。

奉国寺"慈润山河"旧牌匾

韩愈

戏曲舞台上的萧太后

唐代大文学家、思想家韩愈（768—824 年），生于孟州（今河南孟县）而常常自称"韩昌黎"，人们也喜欢称他为"昌黎先生"，因为自魏晋以来，士人多重郡望，韩愈也不例外，他以他的家族是昌黎韩氏为荣。这里所说的昌黎，不是指今天的河北省昌黎县（直至金大定二十九年，即 1189 年，那里才借用这个辽西旧郡名为冀东县名），而是义县在汉唐时期的称谓。

与义县有着更为直接血缘关系的历史名人是萧绰（953—1009 年，小字燕燕），即传统戏剧舞台上大名鼎鼎的萧太后，她是辽宋战争的主角之一，又是实现辽宋和平共处的决策人之一。

从义县走出的重要历史人物还有：前燕缔造者慕容氏家族慕容廆，大棘城韩氏韩麒麟、韩兴宗，元代耶律楚材和明代贺钦。现代则有著名文学家萧军（1907—1988年，原名刘鸿霖）所著《八月的乡村》是早期抗战文学的代表作之一，对故乡辽西的风土人情有精彩的描绘。

此外，当代在书画界闻名的"五康"也是辽宁义县人。"五康"指的是康庄、康雍、康殷、康默如、康宁两代五人

中国现代作家萧军

书画家。康氏一门是国内最负盛名的书画世家，其中曾为奉国寺新山门题写匾额的康殷（1926—1999年）别署大康，系当代著名古文字学者、书画家、篆刻艺

康殷为奉国寺新山门题写的匾额

术大师，是当代艺术史上一个里程碑式的人物。他不仅著述等身，更是我国早期学习海外油画技法的第一批人之一。

义县凌河大桥旧影

义县明砖城南门旧影

义县至今留有众多历史遗迹。义县旧城，仍然依稀可见明代卫城历史风貌：尽管原东南西北四城门——熙春门、永清门、庆丰门、安泰门——中仅保留了北门安泰门，但棋盘格式的街道格局犹在。稍有年纪的人，会毫不迟疑地指给你原明清城墙、文昌宫、文庙、关岳祠、鼓楼等旧时风物的旧址——它们大多保存到 20 世纪 60 年代。

今天，当我们伫立于安泰门城楼，城下的大凌河蜿蜒于辽阔的谷地。周边远眺，山林中的万佛堂石窟、辽代八塔与宝林楼恍若世外仙境。自此回望，

义县明魁星楼在城东南隅城垣旧影

明钟鼓楼旧影

义县八塔山八塔

日伪时期建造的义县火车站

义县辽代广胜寺塔

广胜寺塔与义县历史街区

义县北魏时期开凿的万佛堂石窟

日伪时期建造的义县铁路桥

旧城中西南方向矗立着高耸入云的辽代砖塔——广胜寺塔，与之东北向遥遥相对的，就是雄踞东北地区的著名辽代建筑——奉国寺大殿，在义县众多历史遗存之中，这座木结构殿堂无疑是最为辉煌的。

人类的历史，书写于史书，也书写于建筑。法国诗人、社会学家色伽兰曾说："西方的历史是用石头写就的。"那么，中国则是用木头书写了历史。经过历年的考察研究，可以确认建造于中唐至北宋末年（含同时期的辽代）的木构建筑，迄今不过六十余处，其中义县奉国寺大雄殿尤以撼人心魄的大体量、大气势雄冠千古。

1. 汉风渐入

谈到奉国寺，必须先回顾一下兴建这座建筑的历史背景，那就是雄踞中国北方两个多世纪的由契丹人建立的大辽国。

魏晋之前，契丹人已经居住在今天的内蒙、辽西一带，与中原政权屡有战争冲突。不过，也就是在常年的部族冲突中，契丹人逐渐吸收了汉文化的影响。据《辽史》记载，契丹人早就

义县明代长城

宣称他们是黄帝或炎帝的后裔，与汉族等其他中原民族一样是炎黄子孙。他们至少在唐代末年开始就以汉化为重要国策，有意愿融入中华民族大家庭之中了。

盛极一时的唐代结束于公元 907 年，中原大地从此陷入到一个割据状态的"五代十国"时期。就在这一年，史称辽太祖的耶律阿保机被拥立为契丹国主。

当时的辽国采取了在今天看来很是奇怪的国策：统治阶层分为两个世袭的家族谱系，耶律氏家族世袭皇帝，而另一个萧氏家族专门垄断着皇后的位置。在统治辖区上，将辽国分为北南二府，北府治理北部草原地带，辖地包括今内蒙古北部、蒙古共和国全境和俄罗斯中西伯利亚部分区域等；南府负责与中原政权（后梁、后唐、后晋、后周及北宋）相接壤的农耕区域，辖地大致包括今内蒙古中东部、河北北部、山西北部、吉林全境、辽宁全境、黑龙江全境和外兴安岭等。

辽皇后的亲族（父兄）出任北府宰相，以辽上京（临潢府，今内蒙古自治区巴林左旗林东镇南）为中心，依契丹旧俗治理本部牧民，并处理与其他游牧民族的关系。辽皇帝则在皇后的辅佐下，由一位皇兄弟出任南府宰相，以中京（大定府，遗址位于今内蒙古赤峰市宁城县）为中心，往来于东京（辽阳府，今辽阳）、南京（析津府，今北京）、西京（大同府，今山西大同）之间，与中原各政权集团争胜。

在这种"一国两制"政策下，辽国的南部区域汉化日深。立国不久，辽太祖即于公元 918 年下诏建造了孔子庙、佛寺、道观，并于次年秋亲往拜谒孔子庙。从此，辽国与中原政权一样，采纳"儒释道"文化观念为辽国的统治根基。在南府区域内，契丹人与汉人混居，统治机构中起用大量汉族官员，允许契汉两族自由通婚，甚至服饰、车舆等也采用汉族样式。京剧《四郎探母》中杨四郎入赘为辽国驸马的剧情，多少反映了辽国民族融合的真实历史场景。辽国全面的汉化进程，使其疆域内形成汉化的建筑面貌，成为历史的必然。

2. 岁月承平

公元 960 年，后周大将赵匡胤统一中原各割据集团，建立起中央集权的大宋王朝（960—1127 年，史称北宋），与北方的辽国形成对峙局面。按照历史记载，从公元 960 年至公元 1004 年，辽宋之间几乎没有一年不发生或大或小的战争。一方面是北宋政权试图收复燕云十六州；另一方面是辽王朝也希望以华夏正统的身份入主中原。其中最著名的战事发生在公元 986 年（宋雍熙三年，辽统和四年）。著名的杨家将

奉国寺与义县历史街区

的故事就发生于此时。

至公元1004年（宋真宗景德元年、辽圣宗统和二十二年），又一次大战发生：八月份，辽圣宗与太后（萧绰）御驾南征北宋，宋真宗也在宰相寇准的建议下，亲临澶州（今河南濮阳一带）前沿。然而，在冲突将进一步升级之际，双方却戏剧性地取得了空前的和解——签订了停战协议，即历史上著名的"澶渊之盟"。从此，北宋与辽之间形成了百年以上的和平，百姓得以安居乐业。

由战乱而和平，使得大规模的经济和文化建设有了可能。奉国寺所在的宜州居辽中京之东，为辽王朝倡导游牧向农耕转化之地，经济文化繁荣，同时又是辽圣宗朝听政太后的出生地。奉国寺这样规模宏大的建筑在此设立，绝非偶然。

3. 盛唐余绪

辽与北宋同时，辽国融合的汉文化是唐以来的文化传承。辽太祖时即信奉佛教，更明确观音为家神。辽拥有大批来自中原的皇家工匠，具备了最高水平的营建技艺。

"澶渊之盟"（1005年1月）之前，辽属蓟州重修独乐寺（辽统和二年、984年），"澶渊之盟"之后，辽属宜州始建奉国寺（辽开泰九年、1020年），36年之后（辽清宁二年，1056年）又在西京道的应州兴建了佛宫寺释迦塔，即著名的"应县木塔"。这三座建筑，"一阁、一殿、一塔"，堪为辽代建筑的三绝。

辽代三大木构杰作之奉国寺

辽代三大木构杰作之蓟县独乐寺

著名建筑学家梁思成先生指出：唐代建筑可称之为"豪劲"，而宋代建筑的特色为"醇和"，二者皆可视为中国建筑的最高水平。前者代表了上升时期的民族精神，后者则将技术、艺术手法演绎到极致。

辽代三大木构杰作之应县木塔

辽代建筑，从师承渊源上看，是唐风的嫡传。就精神气质而言，辽代建筑追慕盛唐雄风，少有北宋之秀雅文弱。作为辽代皇家寺院，奉国寺正是该历史时期佛教建筑的巅峰之作。奉国寺大殿不仅以雄浑体貌展示着中国古代建筑艺术的无穷魅力，还以精湛的构造技巧代表着中国建筑的最高技术水平，是研究唐宋建筑发展变化乃至文化形态衍变的关键环节。

奉国寺之谜

义县奉国寺在当地俗称大佛寺，佛寺正殿里供着七尊大佛。如此大型规模、体量的泥塑彩绘七佛在全国都是独一无二的。在今天，如果不是专门研究佛教或艺术史的人，一般说不出这七佛是谁。其实，不光这七尊大佛是谜，这整个奉国寺都是一个谜。

1. 大殿等级之谜

按照奉国寺的碑刻记载，奉国寺原名咸熙寺，由处士焦希赟发起，创建于辽开泰九年（1020 年），其大殿是目前寺中保留下来的唯一辽代建筑。

奉国寺大殿面阔九间，有非常高的建筑等级。辽代的皇宫正殿是几开间目前尚无明确史料记载，但同时期的北宋东京城的皇宫正殿大庆殿就是九间殿。以当时辽国的文化背景和经济状况，是不可能有超过九间的宫殿建筑的，这就更显出奉国寺大殿的尊崇地位。我们知道辽代有五京，分别是上京临潢府、中京大定府、东京辽阳府、南京析津府、西京大同府。为什么奉国寺这么高等级的大殿，并没有建筑在这五京之一，而是在刚刚建州不久的宜州（990 年建州）？创建奉国寺的焦希赟的身份是处士，也就是普通没有做过官的士人，他为什么能有这么大能量建设这样级别的一座佛寺，而且史书并无记载？这不能不说是一个谜。

如果必须要找出一些缘由，只能说辽代有一个特别的人物和宜州有关，他就是辽国的让国皇帝辽义宗耶律倍。辽义宗是太祖耶律阿保机的长子，将皇位让给了自己的兄弟辽太宗耶

奉国寺之空间序列

奉国寺全景俯视

奉国寺天王殿与大雄宝殿

奉国寺大雄宝殿侧影

律德光。尽管辽义宗文韬武略、多才多艺，却一生不得志，最后客死南唐。据说他生前酷爱读书，曾经"购书数万卷，置医巫闾山绝顶，筑堂曰望海"。他死后就葬在宜州东侧的医巫闾山，称作"显陵"。也有人推测，义县的奉国寺不大可能平地起楼阁，而是早有基础，其前身就是辽义宗的府邸。根据史书记载，宜州是东丹王（义宗为死后追封，生前为东丹王）的秋畋之地，那么此地就很可能有他的府邸。

东丹王耶律倍（李赞华，899—936）画像

如果这座府邸存在过，那么很可能由义宗的曾孙辽圣宗把它托付给处士焦希赟改建成为寺庙。

2. 七佛与七帝之谜

有一个传说，说奉国寺七佛是辽代七位帝王的象征。

奉国寺创建的年代，正是辽圣宗在位的时期，实际上，辽圣宗是辽国当政的第六位皇帝，并且是在位时间最长的一位（共在位 48 年），但是如果加上他的曾祖——后来尊为义宗的让国皇帝一共就七位了。七佛就是辽代七帝的事情没有明确文献记载，但是以帝王形象塑造佛像在我国是有传统的：北

大雄殿内供奉的七佛塑像

魏文成帝曾经造像"令如帝身",石像完成后,石像身上有黑色石子的位置都和他本人身上的痣位置一样。后来他又在首都平城建立五级大寺,并且在其中"为太祖以下五帝"铸造五尊释迦立像,开了以帝王形象造佛像的先河,彰显了"皇帝即如来"的理念。关于武则天也有类似的传说,据传武周时期开凿的弥勒佛像是按照武则天的容貌雕刻的。奉国寺有七佛就是辽代七帝这样的传说是不奇怪的。

不过,有一点可以明确,那就是辽国王朝是个非常崇信佛教的政权,辽圣宗本人的小名就叫作文殊奴,当时被称作释迦牟尼转世(见辽史、辽宁宗教志),他的妻子仁德皇后小名

叫菩萨哥，而他的儿子，叫作佛宝奴。从这些名字就可以看出，辽代皇家都热衷佛教。可以说，辽国从立国开始就信奉佛教，尤其是到了圣宗一朝，更加进入了一个高峰，圣宗的接班人兴宗和道宗都是正式皈依的在家弟子。虽然没有史料证明奉国寺的七佛和辽七帝有关，但是历史记载，辽国的确有将帝后御容刻像保存在佛寺的做法。《辽史》记载辽圣宗就为自己的父亲景宗刻石像，刻成之日还在延寿寺做法事饭僧。《山西通志》也记载，在大同的华严寺保存有五座石像和六座铜像为辽代帝后的造像。根据史料，辽代帝王在自己的生日、祖先的忌日、还有大的战争之后会举行斋僧的法会，同时还会释放囚犯，"纵五坊鹰鹘"等。契丹人是打猎放鹰的民族，皇帝能把豢养的五坊鹰鹘都放生，还是很有诚意的。在兴建奉国寺的开泰九年，还有一条关于佛教僧众管理的记录，就是"十二月丁亥，禁僧燃身炼指"。这种禁令的颁布，从侧面反映了当时辽国僧众对佛教的狂热。

3. 七佛的身份之谜

端坐在奉国寺大殿中的七佛究竟是哪七位佛呢？民国年间编纂的《义县志》中就提供了两种说法："内塑佛像七尊，据序文献通考，七佛，一毗婆尸佛，二尸弃佛，三毗舍浮佛，四拘留孙佛，五拘那含牟尼佛，六迦叶佛，七释迦牟尼佛。又据相传为南无宝胜，南无离怖畏，南无广博身，南无多宝，南无阿弥陀，南无甘露王各如来……"按照佛教经典，第一个说法是过去七佛，出自佛教经典《佛说七佛经》，第二个说法出自《受持七佛名号所生功德经》，这两种七佛说都有经典可查，但是义县志并没有给出答案。在《义县奉国寺纪略》一书的张济宽序中说"佛像金身匀称，气象悠闲，魁梧雄伟，莫与比伦，共七尊皆为释氏佛，不侧以他神他佛"。这就是说，七尊佛都是释迦牟尼佛，这恐怕也能代表一大部分人的观感。《义县奉国寺纪略》（作者王鹤龄，与《义县志》作者同）正文中给出了七佛的称号和位置，但书中也说"七佛名号，非素知佛法者尚难洞知，是以于乙卯年，用黄纸恭书七佛圣号贴于小木牌，悬于殿内大供桌左侧柱上"。以上种种情况表明，民国时期关于七佛就有不少于三种说法，不过大家终于定于一说并写在木牌上：自东向西排列为：第一尊迦叶佛、第二尊拘留孙佛、第三尊尸弃佛、第四尊毗婆尸佛、第五尊毗舍浮佛、第六尊拘那含牟尼佛、第七尊释迦牟尼佛。

其实七佛的身份可以确定，他们就是在佛法传入中国早期曾经被普遍尊崇的"过去七佛"。根据佛教经典里面记载，过

七佛塑像（局部）

七佛塑像之后人认定名称的拘那含牟尼佛

去七佛就是在上一劫"庄严劫"最末三位佛，分别是：毗婆
尸佛、尸弃佛、毗舍浮佛，和这一劫"贤劫"的开始三位佛，
分别是拘留孙佛、拘那含牟尼佛、迦叶佛，加上"贤劫"的
第四位佛——释迦牟尼佛本人，合称过去七佛。七佛每位的
种族、姓氏、父母名字、弟子名字等等在经典里都有记载。

早期翻译的经典中，关于七佛信仰的内容比较多。今天我们
如果读大藏经，第一本第一篇长阿含经，开讲就是先讲七佛，
紧接着七佛经、七佛父母姓字经、毗婆尸佛经等等，都是关

于七佛的。我们知道所谓大藏经，就是佛教经典的总称，不同的时代都编纂过藏经，但是始终都把这几篇放在开头。为什么呢，一方面，这几篇经翻译得早，更重要的是，这些经是介绍佛教来由的。佛讲说的经典很多，把关于七佛的部分放在前面，就是回顾释迦牟尼佛之前的历史，对于一般人来说，想到过去也有很多佛，也是如此这般救度群生，会升起一种信心。

在我国七佛信仰是和弥勒信仰紧密联系在一起的。弥勒佛是未来佛，未来总是给人希望。我国早期的佛教徒大多是求生弥勒的兜率净土，而不是阿弥陀佛的极乐净土。我们所熟知的唐僧——玄奘法师就是坚定的弥勒信奉者。六佛是过去佛，释迦牟尼佛是现在佛，弥勒是未来佛，过去未来现在都有佛法可以皈依，给人以心灵的安慰。在南北朝时有一位著名的佛教人物"傅大士"，号称是弥勒菩萨的化身，在当时非常有影响，梁武帝曾经请他说法。他就曾说，自己在修行过程中经常见到七佛。这些记载说明，中国佛教早期七佛信仰非常普遍，而且是和弥勒信仰联系在一起的。

七佛信仰还和禅修与佛教戒律有关。莫高窟的隋代、唐代石窟经常把七佛刻在门楣上，因此七佛又具有护持佛法的含义。《西游记》里面讲到唐僧的锦襕袈裟的时候，说穿这件袈裟相当于有"七佛随身"，有天兵天将保护，这侧面说明，七佛就是一切佛的代表，七佛信仰在老百姓日常生活中渗透很深。

到了后来，由于三武一宗的灭佛活动，也由于弥勒信仰被白莲教等民间宗教利用为农民起义的工具而被压制，加上禅宗、净土信仰的流行，佛教信仰的重点有了转变，大家渐渐不怎么关注七佛信仰了。到了清代的时候，乾隆四十二年（1777年）六世班禅罗桑贝丹益西进贡给乾隆皇帝一幅画着七佛的唐卡，乾隆皇帝非常欣赏，但是不明白其中的含义，他先后询问多位僧人，都得不到满意的答复。后来还是问了当时住在北京的藏传佛教活佛章嘉呼图克图，才知道了七佛名号和含义。乾隆皇帝认为七佛在佛教中的地位非常重要，为了纪

北海七佛塔

念这件事，他特意做了一座八面塔，刻上七佛的图像和生平
简介，并且写了一篇文章来纪念和说明这件事。这座塔就在
今天北京北海公园西天梵境景区的后部。

4. 七佛的顺序之谜

明确了过去七佛的身份，那么这七位尊佛的座次是怎么排列
的呢？历史上的七佛主要有三种排列情况。

第一种情况，以相同的面貌出现，排名不分先后。

目前留下的最早的关于七佛造像的佛教遗物，在印度的桑奇
大塔。桑奇大塔第一塔的北门雕刻着七座塔和七棵树来表示
过去七佛。因为佛教早期是不允许崇拜佛像的，就用塔和树
来代表佛。这样就谈不上排名先后了。在我国，七佛形象经
常被用来加强装饰效果，用于门楣、须弥座等处。这时候的
七佛经常是同样姿势，可以说，无法辨别具体的排名先后。

第二种情况，释迦牟尼在中间，其他六佛在两边。

雕刻于北魏的云冈第十窟的七佛，中间一佛的手印为说法印，
其余均为禅定印，因此推测，中间的为释迦牟尼佛。有的石
窟在主尊为释迦牟尼佛时，作为背景有六尊小佛。故宫博物
院保存有一幅元代的七佛说法图壁画，这幅壁画原来在山西
的兴化寺。壁画的中间是释迦牟尼佛，陪侍在释迦牟尼佛左
右的两位弟子阿难和迦叶也为大家所了解，两侧的六佛都只
有供养菩萨陪侍。这也是一个释迦牟尼在中间的排列方法。

第三种情况是比较经典的，就是七佛按照顺序排列。

在犍陀罗艺术时期，就开始有七佛形象的雕刻，在今巴基斯
坦白沙瓦博物馆藏有一件七佛造像浮雕板，在板上，七佛并
排站立，后边还雕刻着一位菩萨，就是未来佛——弥勒菩萨。

七佛之第一佛

七佛之第二佛

第一佛局部

第二佛局部

这样的七佛应该是按照先后顺序排列的。在我国的新疆和河西地区，出土有不少刻着七佛的石塔。这些塔都是八面塔，上刻七佛一菩萨。同时也有不少七佛壁画，七佛也是经常与弥勒菩萨在一起的。这种造像中七佛一般都是一模一样的七尊，大多没有标出七佛名号，个别有标出的则是按照顺序顺

七佛之第三佛

七佛之第四佛

第三佛局部

第四佛局部

时针排列，这和佛教右绕佛塔的崇拜仪式有关。

奉国寺的七佛应该是从右到左按照顺序排列，这不仅符合我
国传统的书写方向，也符合佛家右绕礼拜的礼节。七佛最西
面一座佛偏袒右肩，不像其他六位那样穿通肩袈裟，并且脸

七佛之第五佛

七佛之第六佛

第五佛局部

第六佛局部

稍微向西偏，他就是释迦牟尼佛。不过，七佛作为一个群体，其群体意义大于个体意义，辨别谁是谁并不是很重要。以前的七佛造像，七佛经常是一样的造型，就是这个含义。

那么有没有可能是毗婆尸佛在中间然后其他六佛依次左右排列呢，这种排列方式可以说并不多见，当然也不是没有可能，因为这种排列顺序很符合我们中国人排座次的习惯。

5. 大殿营建之谜

奉国寺大殿高大雄伟、气势恢宏，营建之巧四方闻名。传说过去曾有蒙古人要修藏传佛教寺庙，请了工匠来义州，照着奉国寺大殿画了图样，想照样子建一座，经过再三揣摩测量，又回去反复试验，终归没有成功。又说锦州在天后宫旁边要修广济寺，也曾来奉国寺画式样模仿，最后只是有点相似而已，远不如奉国寺大殿雄壮坚固。

由于上述种种原因，义县民间就产生了一种议论，说这奉国寺大殿是当年鲁班爷显圣建造的。不仅如此，大殿梁上据说还留有鲁班爷的墨斗，还说

七佛之第七佛

第七佛局部

这个墨斗内的墨绳能自己伸缩不用人力。这个传说在民国时期就流传广泛，当时就有不少人来奉国寺专程参观这只鲁班爷的墨斗。根据寺志记载，这应该是一只当年运转材料的铁滑车，被人们神化为鲁班的工具了。

另外，大殿内东南有一根柱子看起来没有柱础，据说大殿建造之时，此地是一片松林，特意以一棵天然松树作为柱子，民间历来以为神异。又说，当时建寺的时候，所有的料都已备齐，唯独缺一根柱子，大家正在筹措此事的时候，一夜之间，忽然有一根柱子就在此位置树立好了，于是顺利建造了大殿。目前经过考古发掘，发现这根柱子是有柱础的，只不过被埋在地坪以下，不容易看到。不管怎么说，这根柱子的

大雄殿内景

柱础为什么比别的柱础低呢，这也是一件颇为神秘的事情了。又传说大殿的释迦牟尼像右侧有一根柱子上端在临用时劈裂，一时大家找不到替换的木材，想将就一下又怕不牢。这时忽然有个老人说，用麻绳捆扎结实就万无一失，又说"人每谓一木难支大厦，吾则谓一绳能持危柱"，于是工匠们照此办理，果然成功，再看老人已经不知所踪。据说现在仔细看这根柱子，还能看到柱子上端绳捆的痕迹。

以上故事虽然多属传说，但体现了奉国寺大殿在建筑上的不朽成就，以及义县人民对这座建筑的热爱。

室内空间内槽

室内空间外槽前槽

梁架局部一

梁架局部二

室内空间外槽后槽

6. 五难不毁之谜

辽代留下的古代建筑在国内已经寥寥无几，其中位于关外的只有奉国寺大殿一处。其实，奉国寺大殿能保留到今天，历经五次大劫难而屹立不倒，的确可以算作一个谜。

辽代末年政治腐败，女真人建立的金国政权兴起，最终推翻了辽国。金国和辽国曾经进行了十分惨烈的战斗。金太祖完颜阿骨打遣兵攻入显州奉先县城，入城后烧杀抢掠，焚毁了普慈寺。后来他还曾派兵遍掘辽陵，以便切断辽国的龙脉。按说此地紧临显州，像奉国寺这样的寺院也是在被金国毁灭之列的，可在这场战争中，奉国寺却意外地保留了下来。金太祖为什么会放过奉国寺，至今都是谜。

此后，在元灭金的残酷战争中，中原人口死伤达百万户之多，全国疆域内成百上千座寺院遭到灾难性的破坏，奉国寺又成为金国境内幸存的少数寺庙之一。元大德七年（1303年）碑刻记载："辽金遗刹，一炬列殆尽，独奉国寺孑然而在，

室内梁架

抑神明有维持耶，人力有保佑耶。"

如果说在战火中得以保存包含了偶然因素，奉国寺在强烈地震中还能保持巍然屹立，就难免被蒙上了一层神秘色彩。据史料记载，元至元二十七年（1290年），武平路（今宁城县大明镇）发生了八级强震。这场地震波及义县，并造成了极大的灾害，而这座辽代皇家寺院却在灾难中展现出不可思议的抗震能力，基本无恙。

辽沈战役中，义县遭到炮击。其中一枚炮弹把大雄殿屋顶砸了个大窟窿，落在佛祖释迦牟尼佛双手之中却没有爆炸，仅损伤了佛像的手。近年，奉国寺进行修缮，又先后出土发现了三枚没有引爆的炮弹，还有一枚在附近的古井中发现。四枚炮弹都没有爆炸，神奇至极。

"文革"期间，奉国寺也先后被全国各地数十起学生"光顾"。1966年秋天，某学院"红卫兵"闯入奉国寺，欲铲除佛像。文物管理人员告诉学生们，这里被国务院列为第一批全国重

室内柱础一

室内柱础二

胁侍菩萨右上方之佛手曾接住一枚炮弹

点文物保护单位，劝学生要保护祖国文物。一番劝说之下，让这批红卫兵撤离了奉国寺。没隔几天，清华大学红卫兵进入大雄殿，写了一条"造反派要保护文物古迹"的标语后，便撤离了奉国寺。此后的浩劫岁月中，凡是来奉国寺的学生，看到标语和"全国重点文物保护单位"的标牌，转一阵便撤走，古建筑和佛像均完好无恙。

奉国寺之美

每一个初到奉国寺的人，都会被奉国寺之美深深震撼。特别是辽代遗构奉国寺大殿和殿堂中宏伟的七佛，穿越了千年时光，宏伟的身姿凝然而立，让每一位观者感受到，有些事物给人的感动永远不会改变。

1. 造像之美

奉国寺之美，美在造像。

一进殿门，迎面看到大殿内供奉的过去七佛。七佛一字排开端坐于佛坛的莲花座之上，每一佛都占据大殿一开间的位置。巨大的造像充塞屋宇，繁复的背光组成一道镂空的锦绣屏风，几乎一模一样的七张慈悲的面孔都在俯视着你。大殿内光线幽暗，有一种古老建筑特有的阴凉，从门外投射进来的阳光打在地面上，只有很少一部分向上散射开来。因为乍进大殿时光线明暗的变化，要过几秒才能看清楚殿内的具体陈设。当定睛凝神看清的时候，七佛巨大的体量让人震撼。

虽然落满岁月的尘埃，虽然佛身上的彩画已经暗淡并被遮盖，但是七佛的面孔和肌肤依然在幽微的光线下泛出金黄色的神

佛坛上的主像与胁侍

奉国寺大雄殿内景——佛像与梁架的关系处理

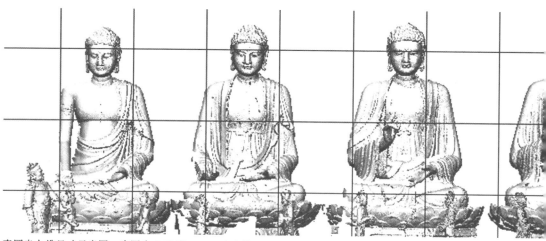

奉国寺七佛尺寸示意图，底图为 2.56 米 ×2.56 米方格网

圣的光彩。七尊大佛里中间的一尊要格外高大些，两侧依次略小，这细微的差别除非是用仪器去测量，一般人只觉得七佛是一样的高大。但就是这点细微的变化其实有着深刻的用意——对大殿当中的观者来说，中间的大佛显得更高大，两侧的大佛则加强了透视的效果，让殿堂显得更加深邃。

七佛的面孔相似——其实不止七佛，按照佛教教义，所有佛的面孔都应该是相似的——因为一佛就是一切佛，一切佛就是一佛。对于不谙佛法的普通人来说，未免对此觉得有些迷惑和玄奥。而细心的人则会仔细去分辨七佛有什么不同。实际上，七佛的佛座参差有别，所着的衣服也各不相同，最主要的差别还在于手印。在佛教造像中，手印是辨别佛身份的重要依据之一，但这一点也不是一成不变的。作为总是集体出现的过去七佛，在手印上面没有特别的传统。不过七佛的手印经常是一个样子，就像是在云冈石窟和北凉石塔造像上

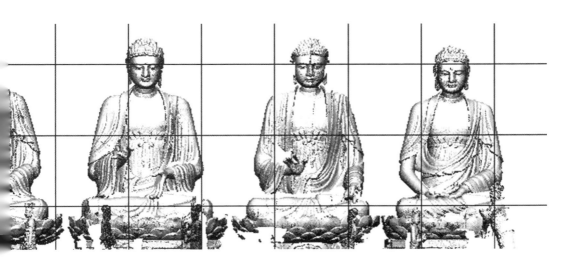

七佛之释迦牟尼佛旧影

那样，七佛一直强调的是集体的属性。不过在奉国寺，这一惯例被打破了——东面的第一佛双手做禅定印，似乎在告诉大家过去七佛已进入不生不死如去如来的涅槃；中间一佛做说法印，象征着对世人的谆谆教化；最西面一佛右手的位置最低，做与愿印，仿佛告诉每一位瞻拜者他的心愿必能达成。

过去七佛信仰是在佛法初传时就进入我国的，当时和弥勒信

胁侍旧照一

胁侍旧照二

胁侍旧照三

胁侍旧照四

仰紧密地联系在一起。和其他正视前方的六尊佛不同,第七尊佛的面孔稍稍右转,配合着右手低垂的与愿印,似乎在向人们引荐冥冥之中的未来佛弥勒。整体来看,七佛的手印似乎是一个连续动作的分解镜头,构成了一种叙事之美。

仔细看过七佛,才会注意到每尊佛前面侍立的供养菩萨,以及两边的两位金刚力士。菩萨也都比真人高大很多(2.7米以上),不过和大佛比起来,就格外可亲了。说菩萨是尊称,看上去更像是天女,一个个表情轻松、身姿袅娜,显得青春活泼。两尊金刚力士则体型大过供养菩萨很多,做出血脉贲张的"愤怒相",紧握手中的武器,时刻准备喝退各种妖魔,稳稳压住了佛台两边的阵脚。如果再仔细去探寻,会发现不止这些人物塑像充满生命力,就连佛座下探出的海兽也用眼

胁侍现状一

胁侍现状二

胁侍现状三

胁侍现状四

胁侍现状五

胁侍现状六

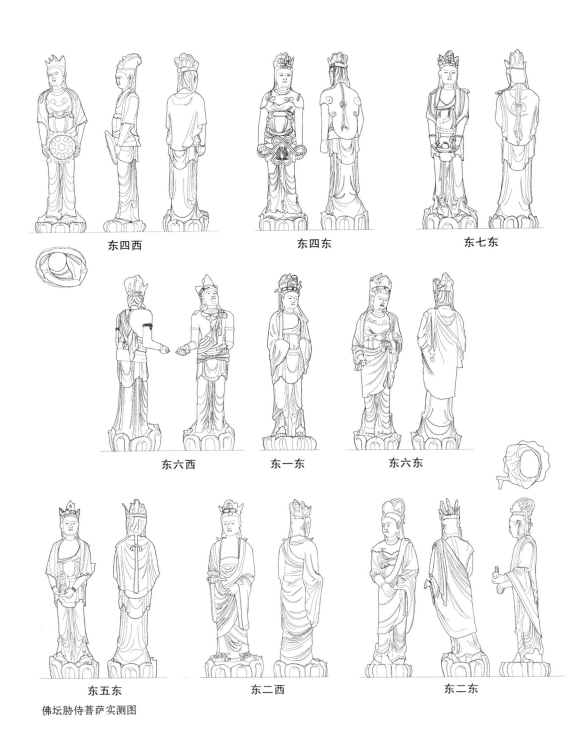

东四西　　　　　　东四东　　　　　　东七东

东六西　　　东一东　　　东六东

东五东　　　　东二西　　　　东二东

佛坛胁侍菩萨实测图

睛炯炯地看着你，那眼睛竟然是黑色琉璃镶嵌的。

奉国寺大殿的这一组造像可谓是早期佛寺经典的模式：大佛高踞佛台之上，各有两位胁侍菩萨，左右力士护卫，台前有石雕的香炉与石瓶。经过岁月消磨，佛、菩萨和力士的手是最容易破损的部分，虽有后来的补塑，但稍留心，观者就能发现这些手的不自然，不能不说是一种遗憾。至于为了使塑像稳定，后世把菩萨脚下的两朵莲花换成一朵，把前倾的金刚力士调正，如果不说，这种事情人们是看不出来的，但多少减损了当初的艺术境界。而菩萨手中后世加上的各种法器，

天王（东）

天王（西）

则会使有心探究的人陷入迷惑，不能不说是一种人为的遗憾。

七佛背后的倒坐观音是明代重修的，据说修的时候造像已经损坏，不过可以相信这尊观音保持着最初的某些风貌。这是一尊男相的观音，轻松地垂足而坐在山石垒成的法座上，两手抚膝，身严璎珞，自在安详。观音的男相暗示了他较为久远的传承，而左右安放的老鹰和宝瓶则表达了他的身份——

明代重修的倒坐观音像

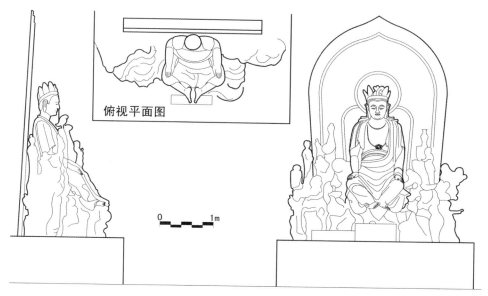

俯视平面图

0　　　　　1m

倒坐观音像实测图

"鹰瓶观音"。鹰瓶观音在国内为数不多，另一实例保存在泉州的开元寺，是石碑上的浮雕，据说是北宋至和年间（1054—1056）由海外到达泉州的，这个时间正与奉国寺始建的年代接近。

2. 彩画之美

奉国寺之美，美在彩画。

奉国寺大殿的彩画有两种。一种是绘于梁枋之上的彩画，也称为"建筑彩画"；还有就是殿内墙上的彩画，也就是壁画。先谈谈建筑彩画。我们目前在传统建筑上见到的彩画多是明清以来定型的模式，而奉国寺大殿梁枋上的彩画却迥然不同。大殿内光线幽暗，大佛又吸引了大众的主要注意力，很少有

飞天彩画之一

人会注意到梁枋上面还有彩画。的确，经历了千年岁月的侵蚀，这些彩画都已经变淡了，但是我们还可以感受到它光芒四射的魅力。大殿以内槽为第一中心，以前槽为第二中心绘制了丰富的彩画。内槽的彩画包括十二躯飞天，还有凤纹、缠枝花卉、卷草和各种网目纹；前槽包括十四躯飞天、缠枝花卉和网目纹等。经研究发现，这些飞天是在构件上画好之后才吊装上的，和通常建筑完工后的彩绘不同，这样的安排充分保障了彩画的精良。日本建筑史学家关野贞认为"（奉国寺大殿）飞天、宝相花纹彩画，手法精美，特别是飞天的图样优雅美丽"。这些飞天中尤数内槽的十二躯保存最为完好，也是绘制最精彩的部分。每两躯飞天互相呼应，南侧飞天皆俯视，北侧飞天皆仰视，飞翔于祥云之上向佛祖撒花供养。外槽的飞天则都头向内槽，朝向七佛。这些飞天的身姿曼妙、衣带飞舞，体现了奉国寺初创时期辽代所达到的辉煌艺术水平。大殿中还有大量的缠枝花卉、网目纹装饰，和后

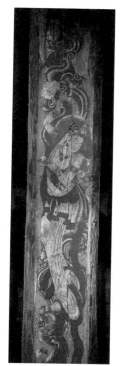

飞天彩画之二　　　　飞天彩画之三　　　　飞天彩画之四　　　　飞天彩画之五

凤纹彩画

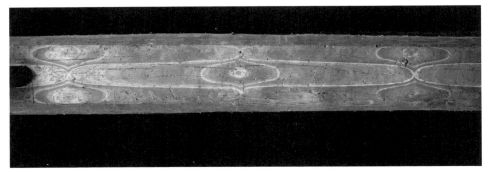

网目纹彩画

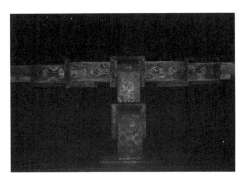

斗栱吉祥花卉彩画一

斗栱吉祥花卉彩画二

斗栱吉祥花卉彩画三

代的建筑彩画相比，显得更加简洁舒朗。但无疑的，这些飞天是其中最精华的部分。

奉国寺大雄殿内部梁枋、斗栱上所存的辽代彩画，首先作为建筑本身的装饰，是构成大雄殿雄浑壮丽风格的重要因素；而其所处位置和题材，又恰恰成为室内七尊主像的背景烘托成分，与前述群塑构成了一个华贵又庄重的礼佛场景。这些彩画作为装饰手段，从空间上巧妙衬托了主体佛像；同时，也作为技术手段对木构件起到保护作用。

自奉国寺大雄殿在近现代引起世人关注以来，各方面专家对这组建筑彩画均予以很高的评价。

梁思成先生说："内部梁架尚保存原画彩画，卷草、飞仙等，亦实物中所罕见也。"

刘敦桢先生说："辽宁义县奉国寺大殿和山西大同下华严寺薄伽教藏殿的辽代彩画继承唐代遗风，在梁枋底部和天花板上画有飞天、卷草、凤凰和网目纹等图案。"

近期有学者考证，奉国寺大殿中的网目纹，实为佛光纹，与飞天等组合，正形成了《法华经》所记"天女散花"的佛国场景。

原大殿三面墙上均有壁画佛、菩萨和罗汉。东西两墙各画五佛，合为十佛，已全部漫漶，但仔细观察，尚能辨认。所画佛像每尊高约 3.20 米、宽 2.90 米，结伽趺坐于莲座上，背光环绕流云。从流云形式看接近明清画风，但佛像的面型具有藏传佛教造像的特征，推测可能是元人所画，屡经后世重描。正面墙上原画十八罗汉，20 世纪 80 年代修缮时被揭取下来，现保存在大殿后面。其画面上部空间画行云，下部画土岩，与十佛画风有较大差异，似为明代风格。这些壁画也是非常珍贵的文物。虽然尘埃萦绕、光线幽暗，来游赏的人

东西两墙十佛之一

东西两墙十佛之二

60

东西两墙十佛之三

东西两墙十佛之四

东西两墙十佛之五

东西两墙十佛之六

东西两墙十佛之七

原正壁十八罗汉壁画片段之一

原正壁十八罗汉壁画片段之二

原正壁十八罗汉壁画片段之三

原正壁十八罗汉壁画片段之四

原正壁十八罗汉壁画片段之五

原正壁十八罗汉壁画片段之六

们还是被它的美丽所打动。

3. 空间之美

奉国寺之美，还在它与众不同的空间感受。

在奉国寺的山门之外，人们无从得见它的真容，进入山门，奉国寺大殿的身姿豁然展现，它的全部轮廓牢牢吸引住你的视线。说是全部展现，也不确切，因为这宏伟的大殿，与观者隔着漫长笔直的甬路、小巧的内山门、牌楼、天王殿和层层的树木，仿佛一位隔着层层面纱的美人，让人愈发想近前一探究竟。

步下台阶，走上甬路，道路两侧绿树成阵、绿荫如织、鸟鸣之声悠远传来，才会注意到道路两侧的庭院如此开阔。漫长甬路的尽头，内山门前静卧两只石狮，用的是本地特有的一种深褐石料，看起来像是铁铸的一般。两只狮子古拙憨厚，

奉国寺中轴线

奉国寺大雄宝殿侧影

一看就知道是久远之物。奉国寺内山门是清代建筑，堪称小巧，感觉仿佛抬手就能摸到屋顶。牌楼、天王殿俱是清代建筑，也是尺度近人。

沿建筑中轴线穿过层层空间，进入礼仪之门后，仿佛历经数抑而最后一扬，游人被乐曲的终章击中了——奉国寺大殿气宇轩昂，殿堂深邃，这座单体面积一千八百平方米、中国现存最大的九开间大殿，雄踞于高台之上，在月台上左右钟鼓二亭小巧尺度的对比衬托之下，视觉感受愈加震撼。沿着脚下逐渐高起的丹陛步上大月台，走近大殿，最先看见殿内阳光照射的部分，看见历尽沧桑斑驳的地面，看见森森而立的殿柱与碑碣。进入高大的殿门，视线一暗、身心一凉，然后望见幽深的高处，大佛金色的面庞正慈悲注视众生，再左右看去，还各有三佛，七佛一字排开，一模一样的慈容，从

大雄殿正立面

八九米的高处，都在静静俯视殿中。凡是到过奉国寺的人，
无不被奉国寺的大殿与七佛深深震动。

中国的传统建筑群，讲究的是轴线的控制、庭院的组织，以
及在路线上空间的层层展开。在这三点上，奉国寺也不例外。
只是，奉国寺中只有大殿一座建筑是辽代遗构，大殿之前的
山门、牌坊、天王殿都是清代所建，从等级和体量上显然不
能与宏伟的大殿相匹配，因此，大殿的身影遮掩不住，产生
了一进外山门就看到大殿的情况。必须指出，奉国寺最初的
建筑格局与空间尺度并不如此。在大殿之前，三阁耸峙，分
别是正面的观音阁，东面的三乘阁和西面的弥陀阁，四周环

大雄殿正立面局部

奉国寺二山门

奉国寺清代牌坊

奉国寺天王殿

奉国寺二山门、牌坊、天王殿俯视

绕以廊庑。这种以阁为中心正是辽代寺庙的显著特色。不幸的是，这些楼阁廊庑早已湮没于岁月，只留下一系列尺度较小的清代建筑，所以形成了今天奉国寺这样主殿建筑形式格外突出的空间感受。

奉国寺背靠大凌河，整个地基由前向后是缓慢降低的。但是在中轴线上的甬路始终越走越高，建筑的基座也按照传统依空间序列渐次升高。最终在大殿前形成高出地面的丹陛和三米高的大月台，显得整个大殿超然不群，高出尘外。站在奉国寺大殿之前，遥想整个寺院在辽代初建时的辉煌，这种气势恢宏的场所感，恐怕只有靠三维模拟现实的技术来实现了。不过庆幸的是毕竟奉国寺大殿还在，大殿前的清代建筑虽非旧物，却是衬托，丝毫也不掩盖大殿的风采。

离开奉国寺之时，请在高高的山门内平台上，再回望一次吧。

奉国寺的营造辞典

1. 伽蓝规制

伽蓝，来自于梵语，也音译作"僧伽蓝摩""僧伽蓝"。"僧伽"指僧团；"阿蓝摩"意为"园"，原意是指僧众共住的园林，即寺院。

一般认为，东汉时佛教才传入中国。永平十一年（公元68年），天竺僧摄摩腾和竺法兰在洛阳创建白马寺，成为中国佛寺的鼻祖。自此，作为僧人起居修行的场所，"僧伽蓝摩"或说"伽蓝"开始采用中国传统的官署"寺"来命名，并在后世一直沿用。"伽蓝规制"指的就是佛教寺庙规制。

佛教入华，先是入居了现成官署，因此汉传的寺庙格局受中国传统官署布置的影响很深。早在商周时期，中国的合院建筑就已经很发达，并逐步演进成一种强调轴线对称的多进院落形态。不过随着对于佛教热情的日益高涨，代表印度佛教的塔院式伽蓝规制开始在中土遍地开花。这样一来，中国的伽蓝就可以粗略地划分为"华夏样"的宫院式庙宇和"天竺样"的塔院式庙宇。当然，两者一直并行发展直至近代，更有诸多结合。但与印度伽蓝母型相比，中国伽蓝则是大大地变异了。辽代也不例外，义县奉国寺就是一座典型的华夏样宫院式庙宇。无独有偶，同时期的应县佛宫寺则是一座典型的天竺样塔院式庙宇。这两座伟大的辽代建筑，奉国寺大雄殿创下了中土殿堂规模之最，堪称"天下第一殿"，佛宫寺释迦塔则是世界现存最为高大的楼阁式木塔，以"应县木塔"之称闻名于世。

历经战乱，如今的奉国寺伽蓝形制已经不复辽代时的原样，但仍可通过寺内碑刻记载和考古发掘来探寻原貌。据寺内元碑《大奉国寺庄田记》（1355 年）载，当时的义州大奉国寺有"七佛殿九间、后法堂九间、正观音阁、东三乘阁、西弥陀阁、四贤圣洞一百二十间、伽蓝堂一座、前山门五间、东斋堂七间、东僧房十间、正方丈三间、正厨房五间、

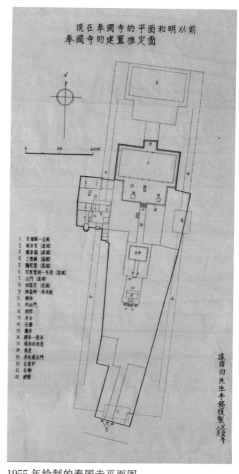

1955 年绘制的奉国寺平面图

南厨房四间、小厨房两间、井一眼。东至巷、南至街、西至巷、北至巷"。奉国寺的伽蓝布局，以九间七佛殿为主殿，采用中轴对称的布局，前有观音阁、山门，后有法堂。东西两厢有三乘、弥陀阁，并有长廊缭护贯通，可以说与宫殿无二。这一碑刻描绘的元代奉国寺应该体现了奉国寺早期的寺院格局。在寺内一通金明昌三年（1192 年）的《宜州大奉国寺续装两洞贤圣题名记》碑中记载奉国寺"宝殿穹临，高堂双峙，隆楼杰阁，金碧辉焕，潭潭大厦，楹以千计"。"宝殿"就是七佛殿，"隆楼杰阁"所指很可能就是今已不存的观音阁、三乘阁和弥陀阁了。这些记载得到了考古发掘的证实。1988—1989 年间，考古学家对奉国寺前院进行发掘，找到了辽金元时三乘、弥陀二阁和长廊、山门的基址，并推测原观音阁位于今无量殿前后。

事实上，奉国寺的观音阁的设置让人联想到另一所知名的辽代名刹——蓟县独乐寺。蓟县独乐寺因其十一面观音而知名，观音阁与山门均为辽代建筑，气势雄浑，造型优美，号为中国最美之辽代建筑。如果义县奉国寺观音阁若存留至今，其华美应与之相仿。

历史上的奉国寺除了山门、观音阁、七佛殿和法堂这些中轴线的核心殿阁之外，作为僧团起居的处所，还设有斋堂、僧房、方丈、厨房等服务性用房，配置在寺院的东西两路。现存的奉国寺，除七佛殿或曰大雄殿为辽构外，其余无量殿、牌楼、山门等均为清代建筑，也具有珍贵的文物价值。

2. 斗栱等级

中国传统建筑对木材料的使用，可以用"量材施用"来概括。材料有不同的等第性能，可以胜任不同的建筑需要，在这一点上，祖先发挥了"物尽其用"的智慧，是一种生态思想和节俭观念的体现。

在北宋官书《营造法式》中材分八等，分别适用于九至十一间大殿、五至七间殿、三至五间殿（厅堂七间）、三间殿（厅堂五间）、小三间殿（厅堂大三间）、亭榭（小厅堂）、小殿亭榭和殿内藻井八类建筑。可以说覆盖了当时所能遇到的所有建筑类型。各等材皆规定了相应的广、厚尺寸，一方面从技术上确保了结构的稳固性，另一方面也方便了管理以及建材业和营造业的对接。一个建筑的规模确定后，其所需的木材的等级也就确定了。用德国著名艺术史家雷德侯关于中国传统艺术"模件化生产"的理论来说，材分八等为传统建筑的高度模件化、预制化提供了可能性。

在奉国寺营建过程中正是如此，大量的材料制作皆在一种标准化的规程下展开。奉国寺大殿使用的材等正相当于北宋的一等材，只有最高级的建筑才能使用。

提到材，就必须提到斗栱，斗栱的大小就是用材来直接标示的。斗栱既是结构构件，也是模数尺度，还是文化符号。斗栱，是由斗、栱、昂、枋等构件组合而成的建筑组件，是联系竖向的柱和横向的梁的节点构造，在这一层面上，相当于西方古典建筑的柱头，是建筑结构理性的重要体现。按照梁思成先生提出的"建筑可译论"，他在系统学习西方古典建筑后，进入中国古建研究，切入点即是斗栱。

一般而言，因位置不同，斗栱分为柱头斗栱、转角斗栱和补间斗栱三种。这三类斗栱由柱头枋相互联系，形成一个完整的铺作层，因而也称作柱头铺作、转角铺作和补间铺作。悬挑出檐、控制屋面曲线、紧固房屋结构是铺作层的核心使命，有经验的匠人，一望斗栱而知大木结构的主体特征。

斗栱的等级主要体现在其所控制出檐的高挑和深远，而这一内容是跟屋宇的规模相适应的。奉国寺大殿的斗栱就是出四跳的七铺作，具体的学名是七铺作双杪双下昂。"杪"是出

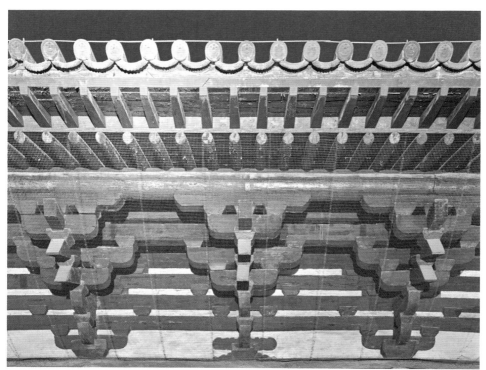

大雄殿外檐柱头铺作与补间铺作

大雄殿外檐转角铺作

大雄殿外檐补间铺作

大雄殿转角铺作里跳

跳的华栱，下昂是一种可使出檐更平缓深远的杠杆构件。作为一座九间十椽的大殿，采用七铺作是合宜的。

奉国寺前檐柱头斗栱说明见书末插页。

3. 殿宇规模

"间"是中国传统建筑中所习用的空间单位，殿宇的规模往往是由其开间数决定的。一般而言，四柱之间围合的空间称为一"间"。"间"是一种极具东方特色的建筑空间形式，相比西方雕塑性的建筑空间，中国建筑通过柱网来组织的空间显然具有强烈的"流动性"，这意味着功能组织更为自由。西方在现代主义运动中正是吸取了此种与中国传统建筑空间相类的营养，极大推动了现代建筑的大发展。

若将目光回溯到上古时期，中国诞生了北方穴居和南方巢居两种居住形态。穴居系潜地居住，初为圆形，巢居则利用木柱绑扎，易成方形。后北方穴居渐从地穴抬升至浅地穴，乃至于平地甚至台上做屋，木结构逐步占据主导，屋平面经历了由圆到方的过程，尤其是部落最隆重的大房子由圆形演变为方形，典型者如甘肃秦安大地湾史前房址，"间"已非常分明。对于中国人来说，"间"不只是空间的流动，更是充满仪式感的意义空间。

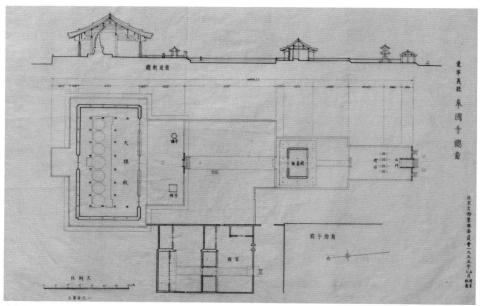

大雄殿总测绘图

大雄殿复原图（天津大学建筑学院 丁垚制图）

我国传统殿宇一般会设置成奇数开间，多为三、五、七、九、十一这五种，恰好符合东方礼仪的等级精神，从而得以在后世被广泛采用。奉国寺的九间大殿，毫无疑问是列在第一等级的，仅次于十一间的故宫太和殿，但奉国寺的身份却远远早于始建于明代的太和殿，因此愈加珍贵。

奉国寺大殿，面阔九间，进深五间，殿内计可划为四十五间，这四十五个空间单元每间大体呈方形。这样一来，就塑造了大殿长方形的平面布局。建筑的布局，在古代叫作"地盘"，举凡设计，皆须先定地盘。九乘五的长方地盘，使得四条垂脊在殿身上空相交后形成两个顶点，这两个顶点就是正脊的两端，安装鸱吻以昭郑重。

面阔方向的九间决定了建筑的立面规模。与之相匹配，进深方向衡量尺度的单位是椽数。以奉国寺大殿为例，其进深是十架椽，前五后五，构成了现存中国传统木构建筑的最高规制。

明白了九间十架椽这一殿堂结构，就可以对奉国寺大殿木构架有更深入的理解。一般认为，奉国寺大殿的木结构属于"殿阁"与"厅堂"的中间形态，既有殿阁的隆重，又有厅堂的轻捷，同时营造出了容纳七佛的大空间。奉国寺大殿这样的大规模殿堂，已经达到了传统木构建筑材料性能与加工施作的极限。在这个层面上，奉国寺大殿无疑见证了传统木造技艺所达到的科学与艺术水准，体现了辽代匠人的高超技艺。

4. 屋顶形制

中国建筑最为鲜明的特征，无疑是其大屋顶。这与强调建筑立面的西洋建筑形成了鲜明的对照。较早在中国进行建筑实践的外国建筑师——如设计了清华大学和燕京大学校园的墨菲，设计了协和医科大学主楼的何士，以及比他们还早的清末来华的新教传教士们，都选择了大屋顶来表达他们力图本地化的信念。中国建筑学科的第一批奠基人，如梁思成、吕彦直等，更是将西方古典主义的比例与柱式等引入中国，翻译成中国传统的建筑语言，用大屋顶来重构中国的新建筑，一时间大批中国传统复兴式的大屋顶在全国范围内兴起。中华人民共和国成立后，此类建筑仍然占据了公共建筑的大部分。这种风格，至今都不能说完全结束了。

纵观中式的大屋顶，义县奉国寺大雄殿显然是其中的翘楚。五脊庑殿顶正脊高耸，出檐平缓，其所代表的唐辽遗风，经过千年历史依旧动人心魄。

南京中央博物院

一般认为，中国传统建筑的大屋顶可以略分为庑殿、歇山、悬山、硬山和攒尖五式。其中庑殿、歇山和攒尖均有重檐做法，重檐的等级要高于单层檐。歇山、悬山和硬山三式又有所谓"卷棚"做法，即屋顶不安正脊，多用于园林建筑之中。事实上，悬山和硬山又基本可以算作一式，二者的共同点是两山不出檐。悬山和硬山的区别仅仅在于，硬山建筑的山墙与屋面相交，把屋檩全部封在了山墙内，悬山则屋檩悬挑出山墙。

奉国寺七佛殿的大屋顶就是一座典型的单檐庑殿顶。庑殿是清代的叫法，成书于宋代的《营造法式》则称呼为"四阿殿顶"。这其实是对唐及唐以前传统的继承，唐代的《营缮令》中甚至规定"宫殿皆四阿鸱尾"。阿就是屋檐，四阿就是四面坡顶，可知庑殿顶最晚在唐就确定了崇高地位，为历代宫

奉国寺大雄殿瓦面一

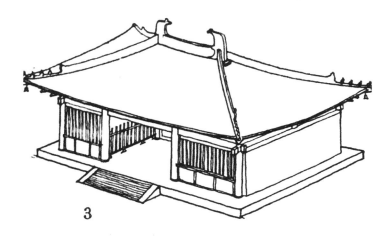

庑殿顶示意图

奉国寺大雄殿瓦面二

殿所采用。鸱尾就是屋脊两端所安的吻兽，常作飞扬状，鸱尾下悬的两条屋脊称为"垂脊"。在一种流传甚广的说法中，庑殿顶的来源是王帐，帐中由两杆支起，四角牵拉于地面系住，自然就会形成一庑殿五脊的形态。除象形外，此说也力图解释何以庑殿这种简明的形态成为中国传统大屋顶的最高形制，而不是做法更显复杂的歇山式。

在现存的千年左右的古建筑当中，奉国寺九间大殿无疑是规格最高的。透过奉国寺大殿，可以感受到唐辽宫殿建筑的雄浑绵厚，还有中国建筑那种连接皇天后土的强烈自信。

隐藏在风铎背后的奉国寺角神现状

隐藏在风铎背后的奉国寺角神现状图

后世多以宝瓶代角神（图为蓟县独乐寺角梁下的宝瓶）

大修替换之奉国寺大殿角神原件－西北－东北－东南－西南

奉国寺大殿角神－东汉遗风－东南角

奉国寺大殿角神－契丹人形象－西南角

5. 角神渊源

中国的古建筑之精美，除了显著的外观造型和装饰外，往往
有些细节处理是不易被常人发现的。奉国寺大殿的角神雕饰
就是如此——位于四方角梁之下，被风铎和罘罳（设在屋檐

下防鸟雀来筑巢的金属网）所隐蔽。

所谓角神，其位置在转角铺作平盘斗上，上承大角梁，形象为负重的力士。其是否有承重作用或仅为装饰物，目前说法不一。而当角梁出檐较深远时，似乎其承重作用更为显著。在国内现存古建筑中，元代以后的遗存大多不用角神或以木制宝瓶替代，保存较完整的当属晋城青莲寺大殿角神，其形象为一力士在平盘斗的位置安坐，头颈偏斜倚靠角梁，神态安详，具有北宋晚期的写实而手法细腻的艺术风格。现安置于奉国寺大殿角梁下的四躯角神（东南、西南、东北、西北四角），形象为双臂下垂，耸肩、垂首的负重状力士形象，系 20 世纪 80 年代大修时的替换物（因原构件糟朽严重）。今从库房调取原物，则知原四躯角神分两种形象：其西北、东南二角神为垂首负重相，形象似可上溯至距此地万里之遥的四川东汉石阙上的石质角神；而西南、东北二角神则为正襟危坐相，其形象近似于常见的胡人形象。以此四件原物的糟朽程度看，大致可知垂首负重相角神年代较远，似为初建时的原物，而胡人形象的角神，应是后期大修（元代以前）的替换物。

按上文提到：北宋立国之前的公元 947 年，辽太宗耶律德光剿灭后晋国之后，将一批文物典籍和汉族工匠运至辽国。由此再比较北宋晚期所建晋城青莲寺大殿，可知奉国寺建造之初，工匠基本上沿用了早于北宋的做法（大体为唐代风格，个别装饰细部甚至有汉代遗风）。

从义县奉国寺大殿、晋城青莲寺大殿的两组角神看，也可知大致南北同一时期，北宋的艺术风格趋于华丽，而辽国则继续追求汉唐的浑厚大气。

6. 彩画流变

彩画一般被认为是建筑的装饰，实则装饰乃是其附加的属性，早期的建筑彩画功能性是第一的。彩画的本底是油漆，油是桐油，漆是大漆，均为天然材料。桐油在传统建材领域一直应用广泛，除对木材进行处理外，还包括在金砖加工中的浸泡工艺等。至于漆，中国可以说是世界上最早开始利用漆的国家，并产生了令人叹为观止的漆器文化，著名的哲学家庄子就曾担任过"漆园吏"。鉴于漆在防腐、阻燃方面的优异性能，其很早就被应用在建筑上。油漆之后，施作彩画，中式彩画多用粉彩，并无光泽，明清时采用贴金来制作出金碧辉煌的效果，前代应该也有这种做法。

除去防腐耐火之实用性及华丽侈靡的装饰性外，彩画无疑还是一种重要的文化符号，混杂了民间信仰和瑞兽灵禽崇拜等多元图景。清代和玺彩画常用的龙凤纹瑞兽，无疑成为帝国权威的象征。

奉国寺大殿保存的珍贵辽代内檐彩画（外檐原也应有彩画，因日晒雨淋风吹，早已剥落，只留下沧桑雄大的七铺作供人

建筑色彩痕迹一

建筑色彩痕迹二

五台山南禅寺大殿模型的彩绘复原（杜仙洲 绘制）

瞻仰），是佛教信仰在佛殿中总体设计的杰出代表。这些彩画保存了唐宋间彩画制作技艺和样式等宝贵材料，价值不言而喻。《营造法式》所记载的一些彩画样式，可以在奉国寺看到端倪。

在兴建之初，奉国寺大殿的彩画应该是金碧辉煌、佛光盈漾的迷幻效果，对于修禅者的观想和信众的膜拜，起到了很好的引导作用。其中最引人瞩目者，无过明栿上的飞天和被认为是"佛光"的网目纹，这是专属于佛教信仰的定制艺术品，远非后世高度程式化的做法所能比拟。

在七佛金身和胁侍菩萨经过后世多次重妆之后，奉国寺的梁架彩画仍能保留辽代的遗迹，非常不易，因为早期彩画可以说比早期木构更为稀缺。保存好奉国寺大殿彩画，留传给后人，正是奉国寺的历史使命。

盛誉所归

1. 日本学者发端研究

 近代以来,对奉国寺的研究始于日本学者,其中有伊东忠太、关野贞、竹岛卓一、村田治郎、八木三郎等人,主要成果为《满洲义县奉国寺大雄宝殿》和《辽金时代的建筑与佛像》。此二文分别对大雄殿的建筑年代、建筑平面、佛像、彩画、建造尺度等做了初步的考证和实测;提供了 84 幅奉国寺的实物照片,建筑组群、主体建筑外观、梁架、斗栱、柱础、彩画、塑像、壁画、碑刻等均有较详细、忠实的记录。日本人的研究刺激了国内学者的关注。

2. 民国贤达著作撰述

王鹤龄、赵仲珊二人于 1941 年刊行《奉国寺纪略》,是国人首次对奉国寺所做的全面记录,从寺址、建修、寺制、碑志、匾额、佛像、供张(附祭祀礼仪)、法器、经典、寺僧、神话等几个方面较为详细地记述了奉国寺当时的情况,而"图说"部分仍须以关野贞《满洲义县奉国寺大雄宝殿》作为参考。

3. 梁思成的遗憾

梁思成 (1901—1972),广东新会人,中国著名建筑史学家、

中国营造学社收藏奉国寺旧照一

中国营造学社收藏奉国寺旧照二

建筑师、城市规划师和教育家，曾任中央研究院院士、中国
科学院哲学社会科学学部委员，中国建筑历史学科的开拓者
和奠基者之一。

梁思成先生在未加入学社之前，在执教东北大学建筑系期间
搜集过一些奉国寺的照片资料。囿于历史条件，中国营造
学社未能展开对奉国寺的调查。故梁先生于1944年编写《中
国建筑史》时，有关奉国寺问题仅采用伊东忠太调查资料
做一般性介绍和简单的分析，盛赞其为"千年国宝、无上国
宝、罕有的宝物。奉国寺盖辽代佛殿最大者也"。没有能亲
自实地考察奉国寺，始终是梁思成先生的一个遗憾。

4. 刘敦桢的赞誉

刘敦桢（1897—1968），湖南省新宁县人，曾任南京工学
院建筑系教授、系主任，中国现代建筑学家、建筑史学家、

建筑教育家，中国建筑历史学科的开拓者和奠基者之一。

1966 年，刘敦桢先生主编完成了《中国古代建筑史》。书中对奉国寺作简要分析和评述："……某些具有殿堂和厅堂混合结构的建筑，如新城开善寺大殿、大同善化寺大殿、义县奉国寺大殿，由于功能上的要求，内部采用彻上明造，并将原来作为布置佛像空间的内槽后移，前部空间扩大，柱网突破了严格对称的布局，无疑地是金代建筑的减柱、移柱法的前奏。"还说："彩画方面，辽宁义县奉国寺大殿和山西大同下华严寺薄伽教藏殿的辽代彩画继承唐代遗风，在梁枋底部和天花板上画有飞天、卷草、凤凰和网目纹等图案。" 着墨不多，但简明扼要地肯定了奉国寺在结构技术和附属建筑装饰艺术两方面的价值。

5. 陈明达的论断

陈明达（1914—1997），湖南省祁阳人，中国营造学社成员，曾任建筑科学研究院历史理论研究所研究员，中国杰出的建筑历史学家。陈明达先生在探讨中国古代建筑设计手法和规律方面取得了重大成果，对日后专题研究奉国寺富于启发性。

在 1990 年出版的陈明达《中国古代木结构建筑技术（战国—北宋）》一书中，陈先生从技术角度分析和总结建筑实例，首次将已知唐、五代、辽、宋、金重要木构的梁架结构分类为"海会殿形式""佛光寺形式""奉国寺形式"三种结构形式。陈先生具体论述"奉国寺形式"的特点、在建筑技术发展上的贡献以及相应出现的问题时指出："（奉国寺）平面布置较为灵活，结构整体性较前一形式（佛光寺形式）更强，是其优点。这就使得无论设计或施工，都较前一形式繁难，需要更高的技巧……后两种（佛光寺形式和奉国寺形式）是随着铺作的发展，在盛

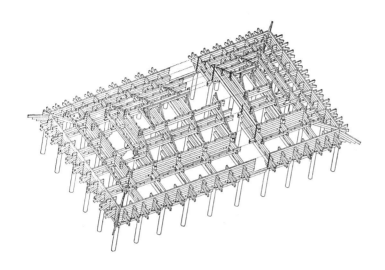

陈明达绘奉国寺结构图

唐时发展成熟的，是本时期木结构技术发展的重要成果之一。它不但综合应用各种传统技术经验，成功地创造出大面积、大体量和多层建筑（多层建筑在这里特指佛光寺形式——引者注）的结构形式，同时还细致地与建筑形式相结合，利用结构标准化、规格化所带来的有条不紊的规律，把错综复杂的构件加以适当的艺术处理，使外观形象、室内空间成为一个有节奏、有韵律的艺术形象。"

陈明达的论述，明确了奉国寺大殿在建筑史上所具有的里程碑意义。

6. 星云大师的心愿
星云大师是江苏江都人，为临济正宗第四十八代传人。他在台湾高雄开创佛光山，以人间佛教为宗风，致力推动佛教教育、文化、慈善、共修等弘法事业。多年来，星云大师陆续在各地开创寺院，并取得跨越国界的突破性发展，是名副其实的世界级宗教领袖。

星云大师曾不远千里三次朝觐奉国寺，并为奉国寺题词"千年光辉"和"万象生佛"。星云大师赞叹说，"奉国寺是一座历史文物宝库，是佛教文化艺术的宝库。奉国寺是现存人世间的佛祖道场"。第三次到奉国寺的时候，星云大师的身体不是很好，但还是虔诚地瞻礼了七佛。大师对奉国寺的负责人表示，如果奉国寺有需要自己的地方，为了奉国寺和佛教事业，自己一定不遗余力。在场的义县当地领导和群众听了都非常动容。

星云大师造访奉国寺

瑰丽的奉国寺夜景一

结语

从诞生之日的公元 1020 年算起，奉国寺大殿巍然屹立在辽西大地已近千年。营建者辽圣宗及其一班文武大臣、高僧大德和能工巧匠们已然消失在历史长河之中，但他们的所思所想、他们神工鬼斧般的高超技艺、他们雄健豪迈的艺术境界，深深积淀于这座建筑杰作，历千年风雨而永垂不朽。而其作为佛教圣殿所传导的先民对芸芸众生的关怀，更赋予我们一种宽仁而不失刚毅的文化精神，可谓佛光普照、慈润山河。

回顾这段历史，辽作为与北宋同时的占据中国北方的少数民族政权，与北宋时战时和。与秦汉时匈奴对中原的劫掠不同，辽始终试图取得中华文化的正统地位，对儒释道文化传统均示以相当的敬意和尊崇。因此，辽在战争与和平交织的历史长河中，适逢其时地形成一个多民族共荣的局面。蓟县独乐寺与义县奉国寺的建筑无疑是这阕历史长歌中的华彩，在稍后的辽道宗清宁二年（公元 1056 年）又以山西应县佛宫寺释迦塔推向另一个高潮。

法国汉学家勒内·格鲁塞在《草原帝国》一书中谈到宋徽宗对契丹、女真族采取"远交近攻"策略，最终在联金灭辽之后又遭金兵重创的情景时说："……这种政策却是一个错误。契丹人，这些贤德、文明而且汉化到相当程度的蒙古人，

经过整修的大雄殿

可以称得上中国的友好邻邦。"格鲁塞的民族、国家等概念
是西方近现代史学的概念，并不完全合乎中国史学概念，但
他的看法对我们也不无启示：辽代本已融入中华文明体系，
甚至和中华文明的中心地带一样创造了辉煌的业绩，而宋代
却固守"华夷之辨"的歧见，在维持辽宋和平相处局面百余
年之后，率先挑起战事，却使得重创辽王朝之后，本朝先丢
汴京，次失全境，使中华文明几遭灭顶之灾。以史为鉴，可
知"中华文明"的概念是一个发展变化中的概念，须有一个
海纳百川式的博大襟怀。

奉国寺大雄殿见证着这段辽宋金元历史中最意味深长的时
段："平息战火，走向和解与文化宽容，于是，由多民族组
成的中华民族创造了中华文明史上最伟大的建筑。"

瑰丽的奉国寺夜景二

编后记

2015 年春节前夕，接到老朋友，辽宁义县副县长蒋立新的电话，谈到义县千年大殿奉国寺与珍贵的中国辽代木构建筑整体纳入国家"申遗"预备名单之事，并希望《中国建筑文化遗产》编辑部专家团队能为奉国寺"申遗"做些事。春节过后，我们带上策划书赶赴义县。经过近七个月努力，一晃，《慈润山河——义县奉国寺》写就初稿。现经修改，就要付梓了，我很感慨，有三方面的心境要表达，意在阐述对"慈润山河"的理解。

其一，慈润山河的书名大气且包容，表达了建筑与社会、建筑与历史、建筑与中华民族的关系，它至少说明赏析建筑要从溯源社会及其文化历史入手，这或许是建筑能说话、建筑有故事的缘故。虽然当下东西方文化在碰撞与交合中，建筑师与艺术家各自恪守自己的文化理想，实践着不尽相同的价值取向，不断有文化巨匠"借古开今"，创造"浑厚华滋"的美学追求。但悠久的东方文化，用建筑这千百年凝固的精神，让华夏民族的文化昭垂宇宙。中国传统建筑一以贯之的中轴线概念，在奉国寺建筑格局上得到了应有的体现，这里虽不能比有 600 年历史的最后宫殿紫禁城，这里虽没有那种不怒自威的庄严感，但它的殿宇格局同样让人肃然，因为在这里可感受到别样的壮阔、宁静和平和气质，温柔敦厚的木结构与斗栱构建，彰显了建筑动人之景象。建筑文化考察组自 2006 年 12 月 23 日踏入奉国寺大殿那一瞬，因为夕阳、因为经典、因为历史、因为申遗、因为传承与传播，更因为敬畏，从 2008 年 6 月第一部专著《义县奉国寺》再到 9 年后的《慈润山河——义县奉国寺》科普书；从 2008 年有人文奥运情结的中国辽代木构建筑研讨会，再到中国图书馆界在奉国寺院落中启动"奉国寺古建筑图书馆"的文化茶座，都反映了我们心中的崇尚。因为我们明白：经典是文化创新之源，文化复兴离不开中华之"魂"，要将我们为文化传承的心升腾到更宽阔的世界，就要与传统文化为友，从遥远的"乡愁"中感知文化之力。

其二，由义县奉国寺的博大精深，我想到普及中国建筑文化之路正从义县开始。清华大学建筑学院陈志华教授曾在一篇回忆文章中说：90 年代他在从德国德累斯顿乘火车去维也纳途中，同包厢有位医生，她对欧洲建筑历史知识的解读丰富且深刻，令人吃惊。陈教授说，在整个欧洲，一个人要懂得建筑艺术和它的历史，就如同要懂音乐、美术和诗歌一样，是每个人的基本文化素养。在建筑文化考察组为义县奉国寺所做研究、挖掘、出版等工作历程中，不能不说 2008 年 6 月出版且于 7 月在义县隆重举办的《义县奉国寺》首发仪式，当时国家文物局局长高度评价了专著成果，并表示《义县奉国寺》的编研与传播使中国辽代木构建筑整体"打包"申遗有了信心。本人在《义县奉国寺》后记中曾写下这样一段话："出版《义县奉国寺》已超越了一般研究与集结出版的含义，它是一种责任，是一个文化传承，更是一种文化重建……建筑文化考察组将以持之以恒的追求和科学求实精神去书写文化遗产传承新的文本。"显然，这个"新文本"正是今天面向中学生的《慈润山河——义县奉国寺》一书。在我知晓的中国建筑文化瑰宝的普及读物中，从一开始便确定要为中学生"创作"建筑科普读物还是第一次，基于此，本书的策划写作中力求符合对公众及中学生的阅读习惯，力求图文并茂，力求靠穿插历史故事及发现之谜等内容，使它趋于生动。

其三，无论是《世界遗产名录》还是国际博物馆协会强调的文化遗产的社会服务职能，都要求文化遗产要服务当代，要成为中外宾客的文化旅游的资源。而恰恰这一点是蒋立新副县长及王飞局长对此次编撰中学生普及读物的期望。这里我要感谢中国文物学会会长、故宫博物院院长单霁翔，他肯定了义县奉国寺的面向公众及中学生的建筑文化普及传播，同时他也特别希望奉国寺要利用传播手段，在国内外造势，不仅让东亚认识奉国寺，更要将中国奉国寺大殿乃至佛教建筑的"故事"讲到欧美国家去。我十分钦佩蒋立新副县长一行的敬业精神及对传承义县文化遗产的信念与态度，正是由于她率领义县文化遗产团队，才在资金不足的情况下，支持我们完成了这本在全国也堪称少见的建筑文博教育读本的编制；作为《慈润山河——义县奉国寺》一书的策划与主编者之一，我也特别感谢研究撰稿团队的诸位专家们，为了提高本书的可读性及教育启蒙功能，大家多易其稿（尽管如此，恐怕也难做到真正成为中国古建筑的普及读物）。但我相信，《慈润山河——义县奉国寺》一书让中国建筑文化获得自信，它定会为辽代奉国寺建筑增加海内外影响力，让中学生们在走进经典建筑时，做个有见识、有建筑品位的人。我以为，细读本书的公众及中学生们，会领略到建筑文化的力量，懂得为什么要将辽代奉国寺建筑的文化脉络在传承中发扬，不如此中国人何谈传统与渊源，我们怎能有在世界建筑史上独有的文化符号。我尤其希望，《慈润山河——义县奉国寺》一书不但带给中学生知识与视野，更带给你们希望与理想，懂得真正审视并推介家乡的精彩、中国传统建筑文化的精彩。

金磊

中国文物学会传统建筑园林委员会副会长

《中国建筑文化遗产》《建筑评论》总编辑

2016 年 12 月于北京

参考文献

[1] 陈明达 . 中国古代木构建筑技术史（战国—北宋）[M]. 北京：文物出版社，1990.

[2] 梁思成 . 梁思成全集（全 9 卷）[M]. 北京：中国建筑工业出版社，2007.

[3] 刘敦桢 . 刘敦桢全集（全 10 卷）[M]. 北京：中国建筑工业出版社，2007.

[4] 赖瑞和 . 唐代基层文官 [M]. 北京：中华书局出版社，2008.

[5] 韩茂莉 . 辽金农业地理 [M]. 北京：社会科学文献出版社，1999.

[6] 杨若薇 . 契丹王朝政治军事制度研究 [M]. 北京：文津出版社，1991.

[7] 吴廷燮 . 辽方镇年表 [C].// 金毓黻 . 辽海丛书（全 5 册）. 沈阳：辽海出版社，2009.

[8] 谭其骧 . 辽史地理志汇释 [M]. 合肥：安徽教育出版社，2001.

[9] 谭其骧 . 契丹都中京考 [C].// 长水集（全 3 册）. 北京：人民出版社，2009.

[10] 脱脱 . 辽史 [M]. 北京：中华书局出版社，1974.

[11] 全辽文 [M]. 陈述，辑校 . 北京：中华书局出版社，1982.

[12] 建筑文化考察组 . 义县奉国寺 [M]. 天津：天津大学出版社，2007.